植物大戰殭屍2

人體漫畫

極限活力大比拼

笑江南 編繪

U0108620

中華教育

向日葵

豌豆射手

花生射手
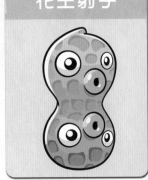

菜問
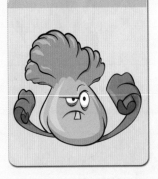

閃電蘆葦

堅果

火焰豌豆射手

稜鏡草

紅針花

騎牛小鬼殭屍

牛仔殭屍

探險家殭屍

雞賊殭屍

未來殭屍

未來殭屍博士

路障未來殭屍

斗篷殭屍

專家推薦

　　我們常說人體是「血肉之軀」，它擁有鮮活的結構和功能，以及旺盛的生命力。對現在的孩子來說，不管是面對當下緊張的學習，還是長大後面對繁忙的工作，充滿活力的身體是必須具備的資本和條件。

　　人們常用「生龍活虎」「朝氣蓬勃」這類成語來形容一個人富有活力，那麼，怎樣才能保持充沛的活力、激發最大的潛能呢？骨骼有哪些「超能力」？怎樣提高身體耐力？為甚麼有氧運動好處多？「冬練三九，夏練三伏」有甚麼講究？如何處理運動損傷？小孩兒能喝運動飲料嗎？甚麼是健康的運動食譜？神祕的生長激素是甚麼？健美的體態是怎樣練成的？諸如此類通俗又實用的人體知識，都能在這本幽默有趣的漫畫書中得到科學解答。環環相扣的爆笑故事中穿插通俗易懂的人體知識，能讓同學們在快樂閱讀中增長知識，開闊眼界，受益匪淺。

　　關愛生命，提高生命的質量，從了解我們的身體開始。希望同學們能通過這本人體漫畫書，了解人體科學知識，掌握健康密碼，學會科學的飲食、作息習慣和運動訓練方法，養成健康的學習、生活方式，做一個有活力、好體魄、有抱負的快樂少年！

王冠軍

武警總醫院主任醫師、醫學博士

目錄

骨骼有哪些「超能力」？

出拳！

呼

嘿！

哈！

啊——

大漢銅人，你為甚麼打你的師弟？

是您讓我出拳的⋯⋯

還好我的骨骼夠硬，要不然內臟都要被你打傷了。

你就吹吧！骨骼又不是盔甲，哪有這麼厲害？

武僧小鬼說得對，成年人有206塊骨骼，它們對人體來說就像盔甲一樣。

看，我說得沒錯吧！

骨骼有支撐人體的作用。如果沒有骨骼，人就會變成癱在地上的一堆軟組織。

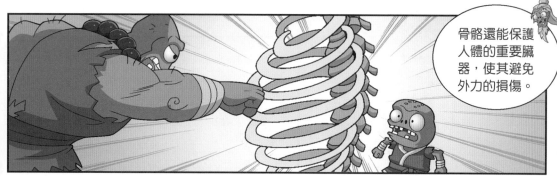

骨骼還能保護人體的重要臟器，使其避免外力的損傷。

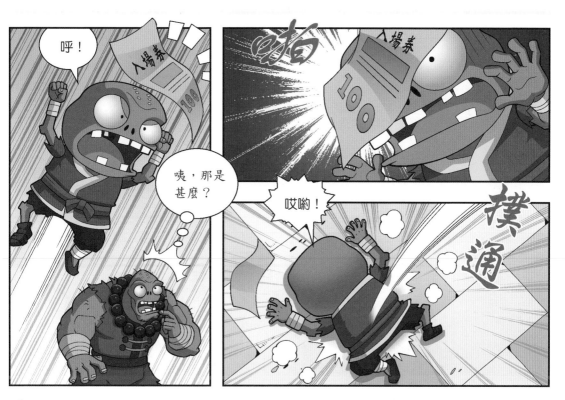

牛奶是骨骼的「營養液」嗎？

植物鎮

快餐車

10元

菜問又在喝可樂……

給我來兩瓶！

沒問題。

菜問，給！

牛奶？

我不愛喝牛奶。我剛通過了醫師資格考試，成為一名正式的醫生！我要連續喝一個月的可樂，以示慶祝！

你喝這麼多可樂，對身體不好。牛奶是骨骼的「營養液」，比可樂這種碳酸飲料健康多了。

牛奶的含鈣量為 11%，雖然沒有魚蝦的含鈣量高，但人體對牛奶中鈣的吸收率卻能達到 32% 以上。

相反，碳酸飲料則是「骨骼殺手」。

我的飲料！

植物醫院的運動會馬上就要舉行了，我倆分到了一組。你一定要注意身體，加強鍛煉，這樣我們才能得冠軍！

哼！我連未來殭屍博士都不怕，運動會簡直是小菜一碟。

別吹牛了。先把牛奶喝掉，我們一起去找入場券上的地址吧！

好吧。

戴夫說只要找到入場券上的地址，就能拿任何比賽的冠軍，不會是騙我們的吧？而且，他怎麼知道我們近期會舉辦運動會呢？

先找找再說吧……

不行了，我累得實在是走不動了。

你呀，一定是平時不注意補鈣，身體缺乏鍛煉。

先讓我歇一會。

哎喲！

菜問，你沒事吧？

我沒事啊。

你叫那麼大聲，我還以為你受傷了呢！

剛剛不是我叫的⋯⋯

你們倆快給我起來⋯⋯

白蘿蔔？

菜問？

你們認識？

當然了,他以前是我在武術班的好兄弟!

也是我兒時玩伴!

時前

你掌下留情啊……

大晚上的,你們在外面蹓躂甚麼呢?

我們在找這張入場券上的地址。

這東西怎麼還在?

你見過這張入場券?

前幾年我開了一家健身房,這是我託戴夫幫我派發的入場券。

可你家是001號,入場券上是100號啊?

戴夫說，在這裏訓練就一定能得冠軍。我一定要得這次運動會冠軍！

少吹牛了，我才是冠軍！

我是冠軍！

我才是！

別吵啦，大家都是朋友。

不，賽場上沒有朋友，只有對手！

沒錯！

好了，好了，你們別鬧了。

你睡的栐健康嗎？

這傢伙，竟然站着也能睡着……

啊，沒想到這麼破的房子裏，還有這麼厲害的器材！

……

白蘿蔔，你為甚麼在這麼偏僻的地方開健身房啊？

因為這裏安靜，我不喜歡被打擾。

唉，其實是因為沒錢租好地段的房子。

天色不早了，我帶你們去學員休息室休息吧！

休息？

好啊，快帶我們去休息吧！

我真倒霉，這次運動會和大懶蟲堅果分到了一組……

這裏是客房？

哎呀，比羊圈還破……

對不起啊，自從健身房停業後，這間房就沒有人住過。

沒關係，只要有牀就行。

睡覺嘍！

你還真不挑。

堅果怎麼和貓頭鷹一樣，睜着眼睡覺？

我沒睡着，是牀好硬……

疼死我啦！

練功之人的牀不能太軟，這樣對睡姿有好處。

是的。兒童的睡牀也不能太軟，因為兒童的四肢及脊柱骨骼沒有完全發育好，睡牀太軟，容易造成骨骼畸形。

可我覺得睡牀太硬，也會造成骨骼畸形。

為甚麼？

你們也摔上來試試就知道為甚麼了。

我肯定骨折了……

誰讓你摔上去的？

牀是用來躺的……

……

一直「宅」在家裏好嗎？

堅果，起牀了，太陽曬屁股了。

騙人，我的屁股明明在被窩裏……

你……菜問和向日葵早就起牀鍛煉了，我們也要鍛煉！

可我是宅男。

宅男是不會輕易出門的。

你不記得醫生手冊了嗎？手冊上說不常出門的人，容易患骨質疏鬆。

對啊！

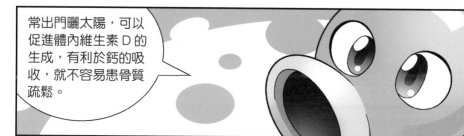

常出門曬太陽，可以促進體內維生素 D 的生成，有利於鈣的吸收，就不容易患骨質疏鬆。

此外，出門呼吸新鮮空氣還能促進血液循環，保持身體活力。

那我還是起牀吧。

這樣就對了嘛！

5 分鐘後

你不是說
起牀嗎？

對啊，我已經
完成了起牀的
第一步。

那就是睜
開眼睛。

都幾點了，豌
豆射手和堅果
怎麼還不來？

教練，我
來幫你搬
器材。

謝謝。

對不起，我
們遲到了！

過分，你們
乾脆下課再
來吧……

人到齊了，我們開始上課。

終於上課了。

先挑器材吧！

等一下。

這節課上的是基礎課，用不到健身器材。

啊？

我搬器材來，只是為了撐場面而已。

白蘿蔔不會是冒牌教練吧？總覺得不太可靠……

精細動作是怎樣練成的呢？

來，每人領一張紙。

健身還要用紙嗎？

有甚麼好奇怪的？

紙是練習臂力的工具。

紙怎麼練臂力？

看好了，就像這樣！

刺

說到精細動作，你們肯定都比不了我。

少吹牛了，你有這麼厲害嗎？

當然，我不到 1 歲，就開始練習寫字了。

所以剪紙這種訓練對我來說是小菜一碟。

非也。過早地開始寫字，忽略精細動作的訓練，反而會導致手腕定力不夠。

還得意嗎？

那你說一說，精細動作怎樣訓練的？

精細動作通常指的是手部尤其是手指等部位的小肌肉或肌肉羣的局部動作，以手部動作為主。

精細動作是兒童智能的重要組成部分。早期精細動作的訓練有利於腦部發育，促進認知系統發展。

像穿衣、繫鞋帶這種日常動作，還有剪紙、畫畫、玩沙等手工活動，有助手部機能和手眼腦協調能力的發展。

剪刀在這裏。現在給大家5分鐘時間，剪出自己最喜歡的東西，開始吧！

哼！在前陣子的「大腦訓練營」輸給豌豆射手和向日葵後，我就苦練剪紙技術。

豌豆射手，這次我絕對不會輸給你！

時間到！

教練，我剪了一朵花。

27

很好，和你一樣美麗。

謝謝！

我剪了一個月牙。

雖然比較簡單，但也勉強過關。

我的最厲害！

我剪了一支紅纓槍。

不錯，符合你的氣質。

你們剪的都比不過我的！

堅果，不是說了不准亂撕紙嗎？

我沒有亂撕紙啊。

我剪的是麵條，因為我最喜歡吃麵條。

就知道吃……

肌肉真的有記憶嗎？

是的，同一種動作重複多次後，肌肉就會形成條件反射，這就是肌肉的記憶效應。

肌肉獲得記憶的速度很慢，可一旦獲得記憶，就不容易遺忘。

這羣植物到底想幹嗎？

比如，一個專業運動員如果中斷了訓練，二十年後再重新訓練，恢復所需的時間比從未接受訓練的人至少要短 40%。

真厲害！

武僧小鬼殭屍，你聽見師父說了嗎？肌肉具有記憶喲！

呃……

這傢伙今天怪怪的。

看他們那天的樣子，也不像在開派對啊！

武僧小鬼殭屍！

在。

他可能在擔心植物們祕密集會的事情吧……

植物們在祕密集會？

是啊，前兩天我們看到好多植物在白蘿蔔家集會。

是那個會功夫的白蘿蔔？

這樣看來，此事非同小可。

您也這麼認為？

是啊，武僧小鬼殭屍做的雞肉那麼難吃，必須阻止他才行！

嗒

汗疹為甚麼「偏愛」夏天？

武僧小鬼殭屍，再等一下。

又有甚麼事？

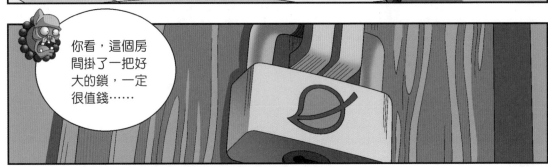

你看，這個房間掛了一把好大的鎖，一定很值錢……

把這鎖拿去賣了，我就有錢買夜行衣了！

就知道買衣服！

等一下，一個不起眼的小門，用了這麼大的鎖，這裏面一定有蹊蹺。

讓開。

難道你要用師父教的氣功開門？

你想多了⋯⋯

我剛才路過大廳的時候，在牆上發現了這串鑰匙，就順手拿了。

原來你有鑰匙。

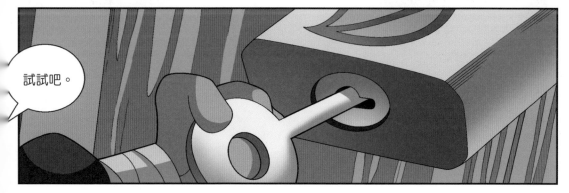

試試吧。

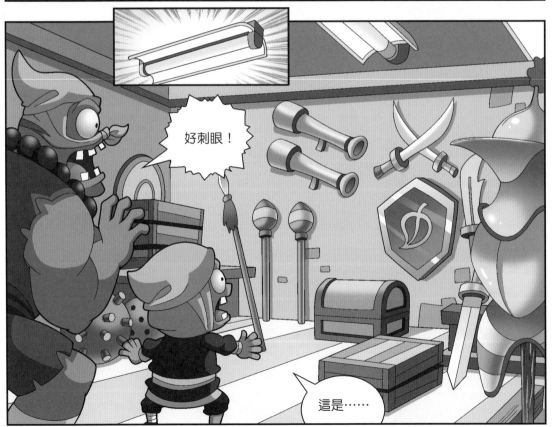

快跑啊，球拍打人啦！

甚麼聲音？

不好意思。

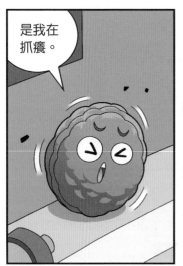

是我在抓癢。

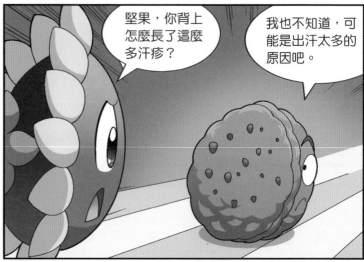

堅果，你背上怎麼長了這麼多汗疹？

我也不知道，可能是出汗太多的原因吧。

夏天汗多，汗會浸漬皮膚角質層，堵塞汗孔，阻止新的汗液向外排出，汗管內的壓力會增高而破裂，汗液浸入周圍組織，就形成了汗疹。

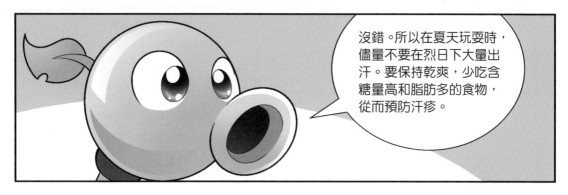

沒錯。所以在夏天玩耍時，儘量不要在烈日下大量出汗。要保持乾爽，少吃含糖量高和脂肪多的食物，從而預防汗疹。

我覺得，堅果的汗疹除了和天氣有關外，也和他的堅持有關。

堅持甚麼？

堅持不洗澡。

……

長高的「祕密武器」有哪些？

博士，您就幫幫我吧！

不行。

您就不怕我再被植物抓走嗎？我僥倖逃出來了，要不然……

如果我像大漢銅人一樣又高又壯，上次就不會被椰子加農炮抓了。

別再和我提上次的事了！要不是你和未來殭屍被抓，還泄了密，我們的計劃也不會失敗。

是未來殭屍泄的密，又不是我……

我不是給你複合鈣片吃了嗎？

複合鈣片裏含有鈣、維生素 A 和維生素 D，這三種成分都是長高的「祕密武器」。

我知道鈣這種成分，它是促進骨骼生長的。

可維生素 A 和維生素 D 是甚麼呢？

維生素 A 能夠增強軟骨細胞的活性，提高骨骼的生長速度，還能促進蛋白質的生物合成，並且增強免疫力。而維生素 D 能促進腸道對鈣的吸收。

難怪我吃了一段時間，感覺骨骼變強壯了。

那你還有甚麼不滿意的？

可我想在 1 秒鐘之內，就變成像大漢銅人那樣的猛男！

你知道我想在 1 秒鐘之內變甚麼嗎？

甚麼呀？

我想在 1 秒鐘之內，把你從這個房間裏變出去。你廢話太多！

博士，那我先走了……

人小鬼大。

唉，其實我早就製成了瞬間強壯藥水，只是副作用還不太明確。

博士。

又有甚麼事啊？

功夫氣功殭屍求見。

他？

上次他被菜問捆成了個「粽子」，把殭屍的臉都丟光了，現在還敢找上門來。

唉，還是讓他進來吧。我倒要聽聽他想說甚麼。

是。

你剛才說甚麼？球拍飛起來了，成了武器？

沒錯，是我的徒弟武僧小鬼和大漢銅人發現的。而且他們還發現，植物們在偷偷集會，強身健體。

臭植物，你以為就你們會健身嗎？

功夫氣功殭屍，你回去也辦一個健身班，記住，是要比植物們的好一百倍的健身班！

放心吧，這個我最在行。

植物們偷偷強身健體，也許是想反擊了，我也要做好準備才行……

神祕的生長激素是甚麼？

嘿嘿，又可以大顯身手了。

菜問，你等着吧，這次我一定要一雪前恥！

功夫氣功殭屍，等一等！

機器蟲小鬼殭屍？

有事嗎?

那個⋯⋯

你能收我為徒嗎?

你也想健身?

是啊,這麼多年了,我的身高一直保持在這個水平,讓我很苦惱。

所以我想通過健身,變成像大漢銅人那樣高大的猛男。

我覺得你需要的不是健身。

你有更好的辦法嗎?

你需要的是一雙高跟鞋。

我是男的好不好⋯⋯

說正經的，你知不知道有一種東西叫生長激素？

生長激素？

它是腦垂體前葉分泌的一種激素，可以促進生長期骨骼和軟骨生長，使身體增高。

你的意思是，我缺乏生長激素？

有可能。

人在幼年時，如果生長激素分泌不足，會導致生長發育遲緩、體型矮小，患上「侏儒症」。

相反，如果生長激素分泌過多，可能引起全身各部位過度生長，使身材異常高大，患上「巨人症」。

怎麼樣才能讓腦垂體分泌更多的生長激素呢？

這個嘛……

晚上9點到凌晨1點是生長激素分泌的高峯期，平時一定不能晚睡、熬夜。

我就喜歡熬夜玩遊戲……

跟着我好好鍛煉身體，你一定會變強壯的。

謝謝師父！

看來，是時候請出我的傳家之寶——《終極體能寶典》了……

健美的體態是怎樣練成的？

功夫體能訓練班開張大吉

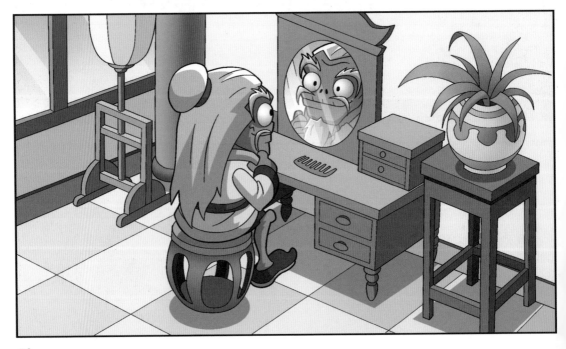

師父！
師父！

嗒嗒

學員們都等着您上課呢！

好，我這就來。

《終極體能寶典》，這次就全靠你了。

師父，裏面請。

嗯，嗯。

學員呢？

都在那裏啊！

師父好！

我們前期做了那麼多宣傳，怎麼還是這幾個老學員？

您有所不知啊⋯⋯

超人殭屍也開了一個健身班,叫「超級英雄健身班」。

大家都想成為超級英雄,所以都去報了他的班。

這傢伙,竟然把健身房開到我隔壁了。

沒關係,我們可是殭屍博士欽點的健身班,超人殭屍的是雜牌的。

而且我有祖傳的《終極體能寶典》。只要我們按照寶典上的練習,一定能變成殭屍城體能最強的殭屍!

嗝り

太可笑了，你們這個叫體態訓練？

超人殭屍……

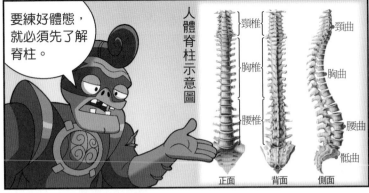

要練好體態，就必須先了解脊柱。

人體脊柱示意圖

頸椎
胸椎
腰椎

頸曲
胸曲
腰曲
骶曲

正面　　背面　　側面

人的脊柱有33塊椎骨，具有支持軀幹、保護內臟、保護脊髓和進行運動等功能。脊柱還有使人體保持優美曲線的四個生理彎曲：頸曲、胸曲、腰曲及骶曲。

還是讓我來告訴你們，好看的體態是怎樣練成的吧！站立時，雙腳與臀部同寬，膝蓋微屈，略微收緊腹肌並保持平衡，脊柱保持正常的生理彎曲，肩部下沉，頭部平直。

好標準的站姿啊。

機器蟲小鬼殭屍，你是在長別人志氣，滅自己威風嗎？

對不起，我情不自禁地脫口而出了。

坐立時，雙腳要分開一點，獲得更好的支撐效果，背部挺直，肩部下沉。

示範完了嗎？

示範完畢。

並且儘量不要用椅子的靠背，因為使用靠背難免會破壞背部的正常曲度。

那我們繼續剛才的……

如何成為現實生活中的「閃電俠」？

豌豆射手，我……我有點緊張。

別緊張。

哈哈哈，這個訓練太簡單了。

一點挑戰性都沒有。

我怎麼覺得很難呢……

教練，我們只是參加運動會，不用這麼折騰吧？

這你就不懂了。

運動會中很多項目都需要敏銳的反應能力。

躲沙包訓練就是為了鍛煉你們的反應能力，使你們成為「閃電俠」。

除此之外，還可以用信號刺激反應、跑格子訓練等方法，提高反應能力。

我知道跑格子訓練。

跑格子訓練，需要快速跑過間距相等且略小於自己步幅的若干標誌物。它是增加動作頻率的有效方法。

那甚麼是信號刺激反應法呢？

就是用突發信號，提高人對信號的反應能力。

比如說搶椅子遊戲。

搶椅子遊戲？

我最喜歡玩遊戲了！

那下面我們就來玩搶椅子遊戲吧！

你們的面前有三把椅子。

可我們有四個人啊？

所以這就要考驗你們的反應能力啊。在我敲鼓的時候，大家圍繞椅子轉圈，等鼓聲停止的同時，你們就要趕緊坐到椅子上。

沒坐到的人會受懲罰嗎？

會啊，唱首歌就行。

唱歌，我最在行！

堅果要唱歌嘍！

聽我唱歌，對你們參加運動會有很大的幫助。

看來堅果唱歌很好聽啊。

不，大家都說聽我唱歌，非常考驗聽眾的耐力。

10分鐘後

嗚哇

嗓

堅果，你甚麼時候才能唱完啊……

果然很考驗耐力。

脂肪有白色和褐色之分嗎？

向日葵，麻煩再幫我盛碗飯。

好的。

啊嗚

啊嗚

你們別都看着我，自己也吃啊，別客氣。

堅果，你對我們真客氣。

把空盤子留給我們吃。

你再這麼吃下去，會超重的。

到時候一身的脂肪，怎麼參加比賽？

沒關係啦！

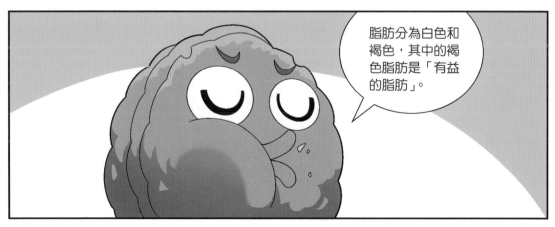

脂肪分為白色和褐色，其中的褐色脂肪是「有益的脂肪」。

根據我的皮膚顏色可以推斷，我的脂肪一定是褐色脂肪。

才不是呢。

白色脂肪和褐色脂肪跟皮膚的顏色無關。

褐色脂肪是由充滿線粒體和脂肪小滴的細胞組成，細胞間含有大量的交感神經纖維和豐富的毛細血管，組成一個完整的產熱系統。當機體遇到寒冷刺激時會大量產熱，有維持體溫的作用。

而白色脂肪是指營養過剩產生的脂肪，會使身體肥胖。

那怎麼遠離白色脂肪呢？

通過運動。

在做肌肉力量訓練的時候，肌肉分泌的荷爾蒙會將白色脂肪轉化成褐色脂肪。

我平時也喜歡做運動啊。

是嗎？

特別是口腔咀嚼運動和胃部消化運動。

甚麼是健康的減肥方式？

堅果，到你了。

可以不上嗎？

不行，必須得上。

可我害怕。

別怕，只是稱重而已，又不會傷到你。

你怎麼知道我怕自己受傷？

我是怕秤會「受傷」。

別磨蹭了！

好好好，我上還不行嘛……

站

我的體重是０？我已經瘦成一道閃電了嗎？

是秤爆了……

原來還是因為我太胖了……

怎麼辦？我太胖了！

堅果，別擔心。我可以幫你減肥。

真的？

是啊，看我的身材就知道，我可是「減肥專家」！

想要健康地減肥，首先要有健康的飲食習慣，少吃油炸食品，多吃蔬菜水果。

那是不是意味着我以後都不能吃肉和飯了……

不，主食是一定要吃的，但是要均衡，不能暴飲暴食；肉類也可以適當吃一些，但是不能過多攝取甜食和糖分高的水果。

向日葵，你別透露這麼多。

別忘了，他們可是我們的競爭對手。

皮膚過敏怎麼辦？

呤嘟 呤嘟

加油！
加油！

贏了！

機器蟲小鬼殭屍，你要加強鍛煉啊！

我覺得這不是加強鍛煉的問題。

如果換你背大漢銅人，你肯定也會輸。

師父，我們為甚麼要在這麼臭的小溪裏鍛煉啊？

《終極體能寶典》上說，在水溝裏做負重訓練，是最好的訓練耐力的方法。我們附近只有這條臭水溝……

水太髒，我們的腿都長疙瘩了。

我的也是。

殭屍醫院

你們腿上長的疙瘩，是皮膚過敏的症狀。

皮膚過敏？

嗯，一旦患上皮膚過敏，千萬不能抓撓患處，否則會使皮膚炎症加重。

過敏是甚麼原因造成的？

皮膚過敏的原因有很多。有些人對特定的食物過敏，如牛奶及奶製品、麵粉類、玉米類、朱古力、豬肉等。

有些人會對空氣中的物質過敏，如花粉、黴菌、灰塵、殺蟲劑等。

你們一定是在髒水裏泡久了才過敏的。

我也覺得是這樣。

我給你們開一些外用藥膏。你們最近要少吃辛辣刺激性食物，衣物最好用 45℃ 以上的熱水消毒。

好的。

醫生，你順便幫我也看看吧！

你哪裏不舒服嗎？

我的臉上長了青春痘。

青春痘又稱痤瘡，臨牀一般表現為面部的粉刺、丘疹、膿包等，青春期後往往能自然減輕或痊癒。

不過你應該是上火了，以你的年紀是不可能長青春痘的……

誰說的？

我剛過古稀之年，心態還像 18 歲的小夥子……

運動前為甚麼要做拉筋？

機器蟲小鬼殭屍，你在看甚麼呢？

《終極體能寶典》？

噓

你這書是從哪兒來的？

從師父的房間裏偷偷拿的。

快放回去吧，讓師父知道了要挨罵的。

我拿這本書是有原因的。

偷？

你不覺得師父給我們做的訓練很奇怪嗎？

……

先是學蚯蚓爬，後來又讓我們在髒水溝裏負重跑步。

我腿上的疙瘩到現在都沒有好呢！

我的也是。我的也是。

所以，我懷疑這本《終極體能寶典》有問題。

你發現了甚麼嗎？

暫時沒有，這本書我看了一大半，裏面只是一些奇奇怪怪的訓練方法。

給我研究研究。

怎麼了？

你看。

哼，果然有問題！

本書內的訓練方法為錯誤案例，請勿模仿，切記。

我要退學！

喂，別走啊，書還沒還回去呢！

運動前，先跟我做一組拉筋動作。

拉筋首先可以緩解肌肉僵硬和酸痛，放鬆肌肉。

教練，為甚麼每次運動前都要做拉筋？

其次可以讓身體的血液循環加快，給身體一個即將開始鍛煉的信號。

嘿

此外，拉筋還能增加肌肉的柔韌性。

那拉筋到甚麼程度才行呢？

只要使肌肉感覺到緊張但不疼痛就可以。

這才是正確的訓練方法嘛！

機器蟲小鬼殭屍？

你怎麼來了？

我從「功夫體能訓練班」退學了……

我想參加「超級英雄健身班」！

挑選運動服裝也有這麼多講究嗎？

快，快請進。

超人殭屍真客氣。

啊，這麼多運動服裝！

喜歡哪件，隨便挑。

可我不知道自己適合甚麼樣的運動服⋯⋯

這個問我就對了。

從服裝的大小來說，運動服裝的大小要適中，太肥太大會增加運動時的阻力，但太小太緊又不利於肢體動作和血液循環。

如果在寒冷的環境下運動，就要求運動服有很好的保暖性，並且要輕，這樣既可以保證溫暖，又不會增加身體負擔。

現在是夏天，應該選擇吸汗性比較好的運動服吧？

不，吸汗性好的衣服容易因出汗而變得潮濕，如果不及時更換衣服，對身體不好。我建議選擇透氣性好的運動服。

這套運動服透氣性好，尺碼也適合你。

謝謝！

¥:999

半價差不多。

成交！

算了，算了，太貴了。

你想給多少錢？

好看吧？

這是半套衣服吧？我剛剛是砍價，不是衣服砍半……

你只出了半價嘛……其實，這套衣服我可以免費送給你。

真的？

不過，你要答應幫我一個忙。

甚麼忙？

你也想要強壯藥水？

是的。

像你這樣的猛男，還需要強壯藥水嗎？

唉，我還是不夠強。

如果我真夠強壯的話，也不會被植物打敗了。

可你為甚麼不自己問博士要強壯藥水呢？

別提了。

實話告訴你吧……

我開健身房也是為了招兵買馬，訓練出一批殭屍高手，有朝一日找植物報仇雪恨！

上次計劃失敗以後，博士就不理我了。

你要是能幫我拿到強壯藥水，我會感激你一輩子的！

這個……

好吧，其實我也很想要強壯藥水……

太好啦！

你知道吃零食的學問嗎？

甚麼聲音？

堅果！

你又偷吃零食。

我……

我這是無奈之舉。

還狡辯！

我是怕零食過期，才勉為其難吃掉它們的。

瞧瞧，你吃的全是限制食用的零食。

限制食用？

是啊，中國疾病預防控制中心和中國營養學會把零食分為「可經常食用」「適當食用」和「限制食用」三個級別。

「可經常食用」的零食基本上是低脂、低鹽、低糖類食物，比如無糖或低糖燕麥片、全麥麵包、烚蛋、豆漿、蘋果、柑橘、鮮奶、乳酪、紅薯等。

「適當食用」零食指含有中等量脂肪、鹽、糖類的食物，比如火腿腸、牛肉片、魚片、海苔片、蘋果乾、黑巧克力、番薯乾、杏仁露、鮮奶或水果雪糕等，這些食物每週吃一兩次比較合適。

那甚麼是「限制食用」的零食呢？

所有高糖、高鹽、高脂肪類零食，如炸雞、薯條、膨化食品、巧克力批、果脯、煉奶、薯片、可樂等，這些零食最好少吃或不吃。

你拿的應該就是薯條吧？

啊？

不是，沒有啊……

哎喲，誰在亂扔垃圾？

殭屍？

快把殺傷性武器交出來！

我們是來踢館的！

他們怎麼知道……

看來鎖是殭屍開的！

甚麼鎖？

前段時間，我發現裝備房的鎖被打開了，我當時還以為是你們好奇打開的。

少廢話，我的健身房計劃泡湯了。現在只要你把武器交給我，我就能在未來殭屍博士那兒立功了。

你做夢！

功夫氣功殭屍，你還想被紗布捆住嗎？

看招！

啊，救命！

放開堅果！

堅果和向日葵不會功夫，來的殭屍又是頂尖高手，這樣下去不是辦法⋯⋯

堅果、向日葵，接着！

美式足球頭盔？

瑜伽墊？

都這個時候了，你怎麼還讓我們健身啊？

別廢話了，你先戴上再說。

啊，你要帶我去哪裏啊？

你知道如何處理運動損傷嗎？

白蘿蔔，你的腳腫了。

剛才不小心扭了腳。

我幫你處理吧。我是專業護士。

有勞了，謝謝！

菜問，去找點冰塊來。

好。

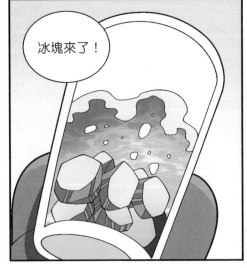

冰塊來了！

我要的是冰塊，不是冰水。

可我只找到了這個。

大家都別動！

讓我來！

好強大的氣場。

咕嚕
咕嚕

問題解決了。

你⋯⋯

腳踝扭傷後應立刻停止運動，防止加重損傷。損傷後可冰敷10-20分鐘，早期最好每隔2-3小時敷一次，可以有效地減輕腫脹。

還可以利用繃帶，對腳踝加壓包紮；也可以將扭傷的腳踝適當抬高，減少組織液滲出，減輕腫脹。

對了，剛才殭屍們說的「武器」，就是指你給堅果和向日葵的裝備嗎？

是的。

健身房倒閉後，我就開始研究如何把運動和健身的裝備改成有威力的武器。

前幾天，我發現裝備房被人打開了。

你怎麼不早說啊？

因為裝備一件沒少，我以為是你們好奇打開的呢。

殭屍們一定不會善罷甘休的，說不定會掀起一場血雨腥風，情形岌岌可危啊……最近我們一定要做好防備，加強訓練！

好！

怎樣提高身體耐力？

堅果？

已經下課了，你怎麼還在跑步？

我在……練習……提高耐力……

教練說，耐力可以通過有規律的體育運動、持之以恆的鍛煉等方式來提高。

你再怎麼練習，運動會上也贏不過我的。

我練的可是童子功。

我才不是為了贏你呢。

你沒聽教練說嗎？殭屍們可能很快就會捲土重來。我們只有團結起來，努力訓練，才能戰勝他們。

就像我們之前在超級病菌對抗中贏他們一樣！

堅果……堅果這麼有團隊意識，而我卻只想着比賽，真是慚愧。

堅果，你說得對。大敵當前，我們一定要團結！

喂，你去哪兒？

我去叫大家一起訓練。

在門口守着，有人來就通知我。

好的，放心。

在哪兒呢？

強壯藥水

找到了！

博士還說沒有強壯藥水，真是大騙子。

機器蟲小鬼殭屍，好了嗎？

你再不出來，我就要死了。

難道被發現了？

喬裝打扮成你的同黨，太辛苦了。你再不出來，我就要被你的衣服勒死了。

為甚麼有氧運動好處多？

果然如教練所說，有氧運動的好處真多啊！

是呀！是呀！

有氧運動可以增強心肺功能，提高耐力，還可以增強肌肉功能，提高運動協調能力。

不僅如此，它還能增加身體的柔韌性。

嗯，繼續做有氧運動吧！加油！

豌豆射手加油！

你們也加油！

大家今天這麼和諧，真奇怪……

超級英雄健身房

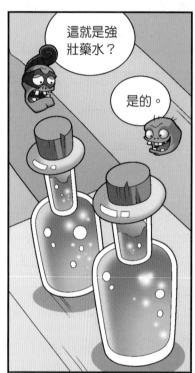

這就是強
壯藥水？

是的。

也沒寫生產日期
和保質期，不會
過期了吧？

你甚麼意
思啊？

看你的樣子，
分明是有點不
相信啊……

不，你誤
會了。

108

我不是有點不相信,是一點都不相信。

這麼厲害的藥水,總該有些與眾不同的樣子吧......

哼,不信我喝給你看!

運動為甚麼能緩解壓力？

強壯藥水，看你的了……

咕嚕
咕嚕

嗝

怎麼樣？有感覺嗎？

我剛喝，不會那麼快有效果的。

1 小時後

奇怪，身體怎麼一點變化都沒有？

我說了是假藥吧！

不可能！未來殭屍博士不可能把假藥放在藥櫃裏的。

哎喲！

怎麼了？

突然覺得頭好疼，而且渾身不舒服。

也許是藥起作用了！

超人殭屍，我有點緊張。

那我們一起做運動吧？

甚麼時候了，你還有閒心做運動？

你不懂，運動可以緩解壓力。

真的？

運動可以促進大腦分泌內啡肽，給人帶來愉悅感；而且運動時心跳加快、肌肉充血，有助釋放能量，緩解壓力。

運動時對身體的控制，能訓練人的平衡能力，增加自信。

而且運動帶來的放鬆能讓你睡眠更香，更有食慾。

那還等甚麼？

我們來運動吧！

這麼厲害！

小孩子能喝運動飲料嗎？

我怎麼睡着了？

肌……肌……

怎麼了？

肌肉！

你長肌肉了！

啊？

真的呢！

轟

雞……雞……

又怎麼了？

哈哈哈，你的頭上長出了一根雞毛……

啊？

乾了這瓶運動飲料，我們再去找植物們算賬！

師父！

甚麼？

為甚麼只有你和大漢銅人有飲料喝，我卻沒有？

因為你是小孩，小孩不能喝運動飲料。

小孩運動後最好只喝水，不要喝能量飲料和運動飲料。

為甚麼？

因為能量飲料或運動飲料裏含有咖啡因，以及其他對兒童發育有害的物質。

出發！

打倒植物！

打倒白蘿蔔！

師父，機器蟲小鬼殭屍是不是運動飲料喝多了，變異了？

這藥副作用真大，幸好我沒喝⋯⋯

117

甚麼是健康的運動食譜？

味

味

蔬菜　水果
豆類　混合
奶昔　清洗

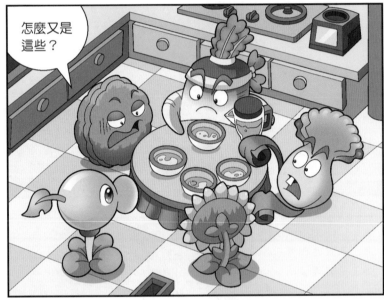

怎麼又是
這些？

教練，能換個
菜單嗎？

不能。

今天是運動會開始
的日子，大家一定
要嚴格按照運動食
譜進食。

堅果，教練的運動食譜可是很健康的。

健康的運動食譜主要包括流質食物、高蛋白食物、鹼性食物、含鉀的食物及維生素等。

流質食物是指果汁、粥、湯等。它們有大量水分和維生素，可以迅速補充運動時消耗的能量。

嗯，高蛋白食物包括豆腐、瘦肉、魚、蛋等，可以緩解疲勞。

鹼性食物如新鮮蔬菜、瓜果、豆製品、乳類和動物肝臟等。這些食物經過人體消化吸收後，可迅速使血液酸度降低，消除疲勞。

薯仔、香蕉、橘子、橙汁和葡萄乾等含有豐富的鉀元素和維生素B、維生素C，有助於把人體內積存的代謝產物處理掉，也能消除疲勞。

教練是為了我們好，才做健康餐給我們吃，你就滿足吧！

可就吃這些，我怎麼滿足呢？

除非每樣給我來五份，我才能滿足。

白蘿蔔，你給我出來！

菜問，你帶大家去裝備房拿裝備，這裏我先頂着。

好！

來吧！

白蘿蔔那邊頂不了多久，我們要趕快去支援。

這是甚麼？

你們看，我的游泳鏡很酷吧？

人呢？

來運動吧！吃我一球！

跳繩連擊！

你……你的眼鏡裏到底有甚麼機關？

哼哼！

我的眼鏡最厲害的地方就是——

可以用來耍酷！

運動過量的「信號」是甚麼？

看招！

別吹亂我的髮型！

呼

嘿嘿，打不着，打不着！

誰說打不着？

127

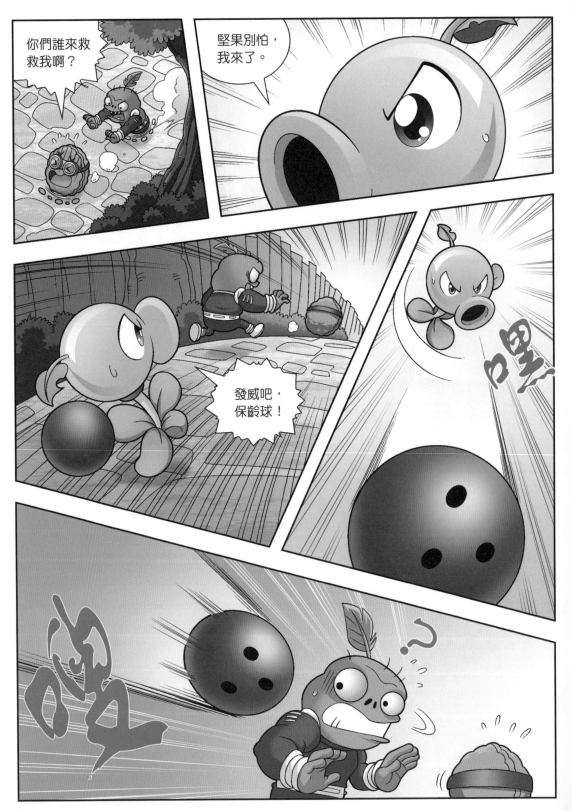

我閃！

啊，這東西還會轉彎？

哎呀，保齡球成精了！

口叟

1 小時後

停！

口包

我突然感覺有點噁心。

是運動過量的原因。

運動是把雙刃劍，運動過量反而會傷害身體。

被保齡球追了兩小時，運動不過量才怪呢。

運動時感覺噁心、運動後關節等身體部位出現疼痛或突然受傷、對運動缺乏熱情、食慾下降、精神萎靡、睡眠差，都是運動過量的信號。

我就是這樣。

那我現在該怎麼辦？

你應該休息。

機器蟲小鬼殭屍，你去哪兒？

你們慢慢打，我運動過量了，要回去補覺了。

我也運動過量了，等一等我……

甩

甚麼聲音？

嗚？嗚？

嗡

你們這羣沒用的傢伙！

是博士的聲音！

博士，快救救我吧！

早就跟你說了，強壯藥水還沒研製成功，你偏不相信！

哼，你不是偷了兩瓶藥水嗎？其中有一瓶就是解藥。

……

閃開！

我倒要看看，是植物的武器厲害，還是我的武器厲害！

現在就讓你們見識見識，我閉關研製的超級瑜伽球的厲害！

等一下！

堅果，別衝動啊！

你打不過他的！

臭小子，找死啊！

未來殭屍博士！

打鬥容易上火，下來一起喝杯降火茶吧！

原來是虛張聲勢⋯⋯

133

為甚麼說「冬練三九，夏練三伏」？

你們讓開，我一個人對付它就可以了！

我可是「冬練三九，夏練三伏」的功夫植物！

教練，你不累嗎？

在惡劣的環境裏堅持體育鍛煉，可以增強體質、鍛煉意志力。

我也要「冬練三九，夏練三伏」！

菜問，冬季鍛煉和夏季鍛煉是有注意事項的，不能隨便練。

冬季鍛煉時應儘量避免在凌晨活動，因為那時大氣中的二氧化碳濃度高；鍛煉時還要注意保暖，並做好準備活動。

夏季鍛煉時應儘量選擇在清晨和傍晚，不建議在強烈陽光下進行體育鍛煉，因為陽光中含有強烈的紫外線，會灼傷皮膚。

是的，而且鍛煉後不宜立刻降溫或短時間內大量飲水，應採用「少量多次」的方法補充水分。

少廢話，你們當現在是在健身房上課嗎？

吃我一招！

哈哈，我最喜歡玩球了！

136

菜問，你沒事吧？

沒事。

未來殭屍博士太強了，我們先撤吧？

不行！

現在未來殭屍博士的火力只是針對我們，但如果我們撤退的話⋯⋯

他就會轉而去摧毀整個植物鎮！

所以我們堅決不能撤退！

他們倆甚麼時候變得這麼和諧⋯⋯

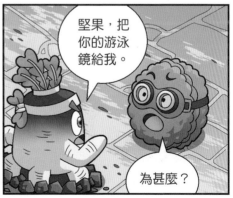

堅果，把你的游泳鏡給我。

為甚麼？

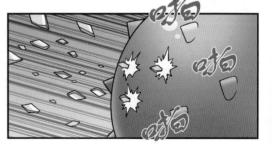

運動會已經結束了。

其實，你們每個人都是冠軍！

植物醫院

算了……

戴夫？

你們趕走了殭屍，保衛了植物鎮的安全，是當之無愧的冠軍！我上次住院的時候聽說你們要舉辦運動會，所以把健身房的入場券送給了你們……

戴夫，謝謝你！

謝我？

因為你給我們入場券，我們才有機會鍛煉身體，增強活力，這才打敗了殭屍。

沒錯，而且經過這件事情，我們更團結了！

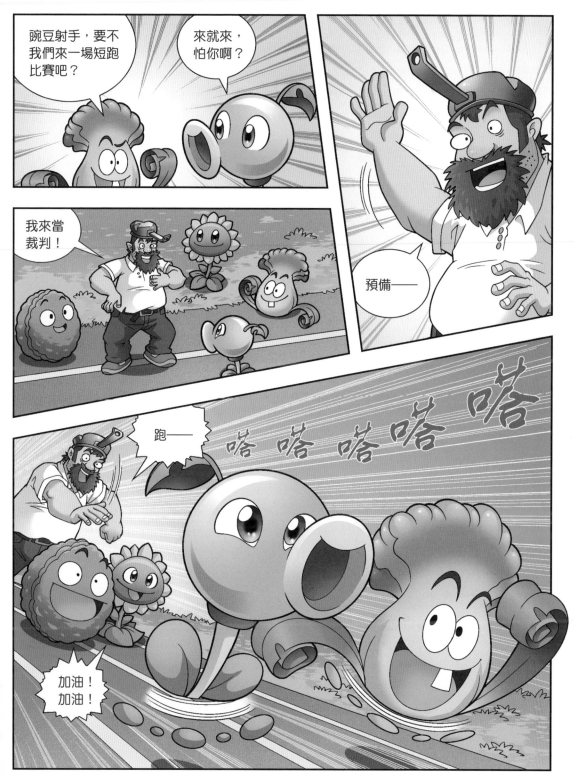

我們的肌肉

肌肉對於人體的重要性

肌肉是人體結構的重要組成部分，具有收縮和舒張功能。按結構和功能的不同，人體的肌肉組織分為心肌、骨骼肌和平滑肌。肌肉發揮着重要的作用，比如，心肌能使心臟自主收縮；骨骼肌連接着骨頭，參與肢體運動，用來維持人體的基本姿勢。

肌肉最主要的功能是進行各種生理活動。其中一類肌肉的活動是自發的，包括行走、彎曲、扭動、抬舉等不同的基本動作，以及寫字、操縱機器設備等精細動作。這類肌肉在顯微鏡下顯示為成束或條帶狀的橫紋肌。另一類肌肉是專門負責無意識活動的，由大腦控制或者自主發生，如呼吸空氣、蠕動消化和心臟跳動等，而且承擔這些活動的肌肉大多比較光滑。

另外，肌肉在收縮過程中還能產生一定的熱量，對於我們保持適當的體溫起到了很大的作用。據統計，我們運動時，產生的能量約有75%是以熱量形式釋放出來的。這讓人體內多餘的熱量有了一個很好的發泄渠道，從而讓我們的體溫保持在正常水平。

大塊頭的肌肉的作用

　　人體有 600 多塊大小、形狀不同的骨骼肌。其中有些大塊頭的骨骼肌通常是羣組功能，為我們執行最費力的任務，比如臀大肌、背闊肌、大腿肌羣等。

　　臀部肌肉羣包括臀大肌、臀中肌和臀小肌等，是人體中面積較大的肌肉組織，與梨狀肌、股方肌等一起發揮着重要作用，包括穩定人體的骨盆與後背，讓我們能夠進行直立行走、跑步和攀爬等。

　　背闊肌是人體較寬的肌肉之一，和上臂骨內側相連。這是一種能夠與其他肌肉相結合、讓肩膀順利活動的大肌肉，在進行拍球、游泳等揮動上臂的體育活動時尤為需要。我們在做深呼吸的時候，也會牽扯到背闊肌。

　　大腿肌羣也是一組相當龐大的肌肉羣，包括股四頭肌、股二頭肌、大收肌等。它們是膝蓋進行屈曲和伸展運動的主要肌肉，也能協助其他肌肉進行髖部的屈曲活動。任何涉及大腿的活動都會用到大腿肌羣。

　　軀體前側也包括很多大肌肉與肌肉羣，如腹直肌和腹內外斜肌等大肌肉構成了腹壁；胸大肌由胸骨擴展到鎖骨的末端，同時連接着肱骨上端，能讓我們做一些驅動肩膀的動作。

緩解肌肉疼痛的方法

我們在運動過度或者長時間保持同一姿勢時，經常會感到肌肉疼痛，甚至會出現肌肉拉傷的情況，這時可以用冷毛巾在疼痛處敷 20 分鐘左右。如果出現了肌肉腫脹的現象，就用繃帶輕輕包紮住那個部位，但不能裹得太緊，否則周圍的肌肉也會跟着腫脹起來。值得注意的是，儘管熱敷比冷敷舒服，但不能在肌肉拉傷的 36 小時內用熱毛巾來敷。

如果感覺肌肉僵硬或出現痙攣現象，除了常規的局部按摩等治療措施，還可以貼膏藥，並減少體力活動，避免加重酸痛。如果是輕微的肌肉痙攣，可以對疼痛局部進行靜態伸展練習，保持伸展狀態 2 分鐘，然後休息 1 分鐘，重複進行，有助於緩解肌肉痙攣。

我們的脂肪

脂肪的種類及作用有哪些？

人體脂肪存在於皮下組織，由甘油和脂肪酸組成，是人體重要的組成部分和儲能物質。根據結構的不同，脂肪酸分為飽和脂肪酸和不飽和脂肪酸，其中不飽和脂肪酸又分成單元不飽和脂肪酸和多元不飽和脂肪酸兩種。我們一談到脂肪，就很容易將它和肥胖聯繫在一起。有些人為了減肥，甚至拒絕食用任何含脂肪的食物，其實這種做法是不科學的。人體缺乏脂肪，跟缺乏其他任何一種營養一樣，會造成身體的不適。脂肪有健康脂肪和非健康脂肪之分。我們的健康飲食需要適量的脂肪，一些健康脂肪非但與肥胖無關，還擔負着許多重要功能，是我們人體必需的物質。

想必很少有人知道，人腦的 60% 都是由脂肪構成的，它們是我們進行記憶、學習、管理情緒時必需的物質。同時，作為人體器官和神經的緩衝墊與隔熱材料，健康脂肪還會幫助心臟維持正常運作，因為 60% 的心臟能量都是燃燒脂肪後獲得的。除此之外，健康脂肪還會讓人體細胞產生黏膜，讓細胞保持靈活性。

健康脂肪對於消化系統的功勞也不小，能夠幫助減緩消化率，讓營養被人體吸收得更為充分。健康脂肪被消耗後還可以產生更長時間的飽腹感，有效地防止人們過量飲食。據研究，我們的每餐飯

都應該攝入一定量的脂肪，因為很多營養都具有脂溶性，是要溶解於脂肪才能被吸收的。所以，一個成年人要是一天消耗 2000 卡路里的能量，那麼飲食裏就應該包括大約 65 克的脂肪。

如何攝入健康脂肪？

既然健康脂肪如此重要，我們應該從哪裏攝入呢？

Omega-3 脂肪酸屬於多元不飽和脂肪酸，是已知脂肪中最健康的一種，蘊含在鮭魚、鯖魚、沙丁魚和其他一些深海魚中，大豆、胡桃和菜籽油裏也有。這種脂肪酸只有靠食物外來補充，是人體無法自行合成卻又很重要的物質，其主要功能是降低心血管疾病的發病率，還能預防肝癌、抑鬱症等疾病。

還有一種單元不飽和脂肪，比如常說的「油酸」，蘊含在橄欖油、亞麻籽油、花生油、杏仁和山核桃等食物中，被認為可以減少

低密度脂蛋白（對人體無益的膽固醇），增加高密度脂蛋白（對人體有益的膽固醇）。同時，這種單元不飽和脂肪還能幫助降低血壓，促進胰島素敏感度。

　　牛油果也屬於脂肪類食物。食用牛油果不僅可以吸收其中的健康脂肪，還可以充分保留它的維生素、礦物質、纖維和植物性營養素等。

　　此外，低脂乳酪、低脂牛奶當中富含健康脂肪，對於控制血壓很有幫助。而全脂牛奶、雪糕、人造牛油裏主要含有的是非健康脂肪，是比較不利於心血管健康的飽和脂肪，不宜多吃。

　　在日常飲食中，我們要儘量用橄欖油和醋調製沙律，不要用熱量很高的沙律醬；吃切片麪包時，儘量用花生醬或杏仁醬代替牛油。只有用健康脂肪取代不健康脂肪，才能吃得既安心，又能攝入人體所需的健康的營養物質。

飲食健康小知識

如何避免挑食？

少年兒童容易對於某些食物形成偏好，長此以往就會形成挑食的不良習慣。挑食會妨礙兒童攝取多方面的營養，不利於身心的健康成長。為避免挑食，我們要努力做到以下幾點：

1. 適當體驗一下飢餓感，然後獲得飽腹感。一般來說，攝取兩餐的間隔大約為 3 小時，這段時間裏要限制自己，別吃零食或高熱量的食物。這樣的話，等自己肚子餓的時候，就會自然而然地對食物不那麼挑三揀四，也就能避免挑食了。

2. 喜歡和不喜歡的食物摻着吃。當餐桌上出現自己不喜歡的某種食物時，可以跟父母要求以後把自己喜歡的食物和不喜歡的食物混在一起烹調，漸漸地再給不喜歡的食物加量，讓自己慢慢習慣並接受這種食物。

3. 避免在用餐時分散注意力。吃飯時，不要一邊吃一邊看電視、聽故事等，而是要在固定場所（如餐桌前）規規矩矩地坐好，形成一種儀式感，讓自己把注意力集中在吃飯這件事上，提高自身的專注力。

4. 每次的進餐時間最好控制在 25 分鐘以內。這個時間限制是與我們自身的注意力、飲食習慣和行為有一定關係的。如果一直沒胃

口，可以先把飯菜收走；等到自己想吃的時候再開始計時，儘量在 25 分鐘以內用餐完畢。

5. 經常跟着父母到超市或菜市場採購食品，並且聽父母介紹各種食物的特性。這樣有利於自己對各式各樣的食物產生興趣，並且勇於嘗試新食物。

6. 克制自己想吃不健康食物的慾望，並讓家長給自己做榜樣。通常來說，不少人在學校裏能做到好好吃飯，一回家就吃零食，原因之一就是家長做的示範不夠好。所以自己可以主動要求家長不購買、不在家中放置不健康的零食。

7. 和家長一起玩跟食物相關的遊戲。用一些充滿趣味的名字來稱呼不一樣的食物，或者讓家長將食物做成各種形狀，從而激發自己對於食物的興趣。還可以跟家長一起動手做一些簡單有趣的食物，如小豬饅頭、小刺蝟豆沙包、鮮榨蘋果芹菜汁等，也會增加對健康飲食的興趣。

如何改掉中國人飲食習慣上的不良習慣？

國內外營養專家曾研究了中國人的飲食習俗，總結了中國人在飲食習慣上的一些不良習慣：

1.吃太多鹽和味精。據統計，中國人均每天攝入的鹽量在 10 克以上，東北地區的人均攝入量最高，達到了 18 克。而世界衛生組織的建議是每人每天的食鹽量在 5 克以內。同時，中國人均吃的味精過多，也會導致人體鈉的攝入量過剩。據研究，攝入過多的鹽和味精會明顯增加高血壓和胃癌等疾病的發病率。

2.互相夾菜，互相勸酒。中國人的吃飯方式大多是集體進餐，而且喜歡給彼此夾菜，暢飲酒水，暴飲暴食，這樣容易增加疾病的傳染率，引發各種疾病，不利於身體健康。

3.愛吃動物內臟。雖然動物的肝臟中富含維生素 A，但同時也含有較多膽固醇，會誘發或加重動脈粥樣硬化，不宜過多食用。

4.愛吃油炸食品。中國人大多喜歡煎、炒、烹、炸等多用油的方法，食用過多的油炸食品會大大增加患癌症的風險。

5.吃紅肉多，吃白肉少。紅肉的含脂肪量比較高，如豬肉、牛肉、羊肉等。而白肉的含脂肪量會低一些，如魚肉和雞肉等。近年來，很多人已經注意到了紅白肉比例失衡的問題，多吃白肉的人羣在逐年增加。

6.鹹魚、鹹肉、鹹菜等醃製食品食用過多。醃製食品不僅含有大量的鹽，而且有較多亞硝酸鹽。食用過多這類食品會增加患癌的風險。

那麼，這些不良習慣究竟要如何改正呢？養成健康的飲食習慣和生活方式，可以從以下幾點入手：

1. 合理膳食，均衡營養。合理膳食是指一日三餐所提供的營養能夠滿足人體所需的各種營養素和能量。合理膳食要注意葷素搭配，有粗有細，多吃奶類、肉類、五穀、果蔬等，多攝入高蛋白食物、碳水化合物，食物種類要豐富，注重營養均衡，改掉挑食等不良習慣。

2. 注意補充維生素和膳食纖維。據研究，水果蔬菜之所以對人體健康有利，就是因為它們富含各種維生素、礦物質和膳食

纖維，而且能產生大量有益於人體健康的化合物。科學家建議，每人每天至少應該吃 400 克以上的水果蔬菜。

3. 加強鍛煉。體育鍛煉是一種非常健康的生活習慣，能夠幫助我們減輕體重，增強體質。散步、游泳、騎單車或參加健身俱樂部都是很好的體育鍛煉方式，貴在堅持。

4. 飲食有規律。養成正確的飲食習慣，才能保證人體的消化系統正常運轉。每天要按時用餐，至少保證一日三餐，不能不吃早餐，也不能在睡前多吃食物。每頓用餐時不要吃得過飽，不要在餐前餐後吃零食，避免出現消化不良、腸胃功能紊亂等症狀。

5. 少吃糖。很多水果蔬菜裏含有的糖分都是天然的，一般不需

要刻意避免食用。然而，一些含糖的食物如餅乾、果醬、碳酸飲料等，裏面往往含有大量人工添加的糖分，很容易引起蛀牙，並且影響正常進食，導致營養不良。購買食物時要學會觀察營養標籤，儘量少買含糖量較高的食物。

6. 不要經常吃速食。大部分快餐食品的熱量與脂肪含量非常高，膳食纖維含量極低，鐵、鋅、鈣等礦物質也很少。有的快餐套餐的能量高達 1185 至 1466 千卡，脂肪含量佔總能量的 40% 至 59%，而維生素 A 和維生素 C 的含量不到 10%，鈣和鐵的含量也低於膳食推薦標準的 20%，非常不利於身體健康。

當然，每個人要根據自己的體質和狀況，合理膳食，因人而異地養成健康的飲食習慣。

跑步運動小知識

跑步是一種有氧運動，是一種方便而有效的鍛煉方式。經常跑步不僅能增強人的體質，還能讓人的思路更加敏捷，有助於提高學習和工作效率。有專家建議普通跑步者的運動強度應控制在一定範圍內，即跑步 5 分鐘後脈搏跳動不超過每分鐘 120 次，跑步 10 分鐘後脈搏跳動不超過每分鐘 100 次。如果一邊跑步一邊還能和別人交談，就說明跑步的強度適中。如果心跳過快，就要酌情減少跑步的時間和距離。

所有的運動基本都要預先做準備活動。跑步前可以輕輕地壓腿，甩甩胳膊，多做幾個下蹲動作，從而讓心臟和肌肉提前適應運動狀態；也可以先走上幾步，接着加快速度變成小跑，最終正式開始跑步，這也是比較有效的熱身方式。

跑步時一般都會比平時走路的步幅更大，儘量挺胸收腹，目光直視前方，上半身略微向前傾斜，雙臂則儘量自然地擺動。人在這種狀態下的注意力比較集中，呼吸頻率也比較均匀。一般來說，空氣清新、流通的公園小路與學校操場等地方最適合跑步。跑步的裝備也很重要，鞋子必須是合腳的，專業跑鞋更好，可以緩衝壓力，降低關節受傷的風險。

跑步對人體的好處

1. 對心臟有益。堅持跑步能加速血液循環，讓冠狀動脈補充給心肌足夠的血液，加強心血管系統功能，防止各類心臟病的發生。下肢的頻繁活動會讓靜脈血流回心臟，從而預防靜脈血栓的形成。同時，身體各個器官接收到的氧量也會大大增加，促使人體器官的工作質量和效率大幅提高。

2. 保護視力。每天保持大約 1 小時直視遠方，這對於我們的眼睛來說是不錯的放鬆時間。有研究表明，正在生長發育的孩子如果可以堅持每天長跑，他們患近視的概率就會有所下降。

3. 改善肩頸部不適。孩子經常寫作業，很容易因為姿勢不當而

導致頸椎、肩部出問題，而背部挺直的跑步動作會大大改善肩部和頸椎部的不適。

　　4.增強肺功能。中長跑能讓人體的肺功能變強，肺活量變大。特別是有規律的長期跑步，能讓肺部的呼吸肌變得很發達，換氣量也會更多。

　　5.鍛煉全身肌肉和骨骼。如果能夠長期堅持中長跑，胸腔、頸部、腰部、臀部、腿部、足部等多處肌肉就不容易堆積乳酸或二氧化碳等代謝物，並且會變得強壯有力，同時能讓人體各個關節的韌帶變得更加柔軟，骨骼的密度和強度也有所增加。

□ 責任編輯：華　田
□ 裝幀設計：龐雅美　鄧佩儀
□ 排　版：楊舜君
□ 印　務：劉漢舉

植物大戰殭屍 2 之人體漫畫 03
—— 極限活力大比拼

□
編繪
笑江南

□
出版
中華教育
香港北角英皇道 499 號北角工業大廈一樓 B
電話：(852) 2137 2338　傳真：(852) 2713 8202
電子郵件：info@chunghwabook.com.hk
網址：http://www.chunghwabook.com.hk

□
發行
香港聯合書刊物流有限公司
香港新界荃灣德士古道 220-248 號
荃灣工業中心 16 樓
電話：(852) 2150 2100　傳真：(852) 2407 3062
電子郵件：info@suplogistics.com.hk

□
印刷
美雅印刷製本有限公司
香港觀塘榮業街 6 號 海濱工業大廈 4 樓 A 室

□
版次
2022 年 9 月第 1 版第 1 次印刷
© 2022 中華教育

□
規格
16 開（230 mm×170 mm）

□
ISBN：978-988-8808-50-2